新能源卷

丛书主编◎郭曰方
执行主编◎凌　晨

核子力量

凌　晨◇著
侯孟明德◇插图

山西出版传媒集团
山西教育出版社

图书在版编目（CIP）数据

核子力量 / 凌晨著. — 太原：山西教育出版社，2021. 1

（“绿宝瓶”科普系列丛书 / 郭曰方主编. 新能源卷）

ISBN 978 – 7 – 5440 – 9881 – 6

Ⅰ. ①核… Ⅱ. ①凌… Ⅲ. ①核能—青少年读物 Ⅳ. ①TL – 49

中国版本图书馆 CIP 数据核字（2021）第 013192 号

核子力量

HEZI LILIANG

策　　划	彭琼梅
责任编辑	裴　斐
复　　审	韩德平
终　　审	彭琼梅
装帧设计	孟庆媛
印装监制	蔡　洁
出版发行	山西出版传媒集团 · 山西教育出版社
	（太原市水西门街馒头巷 7 号　电话：0351–4729801　邮编：030002）
印　　装	山西三联印刷厂
开　　本	787 mm × 1092 mm　1/16
印　　张	6
字　　数	134 千字
版　　次	2021 年 3 月第 1 版　2021 年 3 月山西第 1 次印刷
印　　数	1 – 5 000 册
书　　号	ISBN　978 – 7 – 5440 – 9881 – 6
定　　价	28.00 元

目录

新能源 新未来

同学们，你们知道吗？我们的人类社会能够正常运转，离不开能源。可以说，能源是维持我们生活非常重要的物质基础之一，攸关国计民生和国家安全。

在过去，煤炭虽然为我们的生活做出了巨大贡献，但是也给我们的生存环境造成了极大的污染。目前，我国能源消费总量居世界第一，但总体上煤炭消费比重仍然偏高，清洁能源比重偏低。全世界都在积极地寻找对环境影响比较小的清洁能源，我们的国家怎么能落后呢？所以，我国的科学家也在努力地开发新能源，以还一个碧水蓝天的世界给我们。

新能源属于清洁能源，开发利用不会污染环境，并且能够循环使用，对降低二氧化碳排放强度和污染物排放水平有重要作用，也是建设美丽中国、低碳生活的关键。这套“绿宝瓶”丛书，正是从节约能源的角度，介绍近年来新能源的开发和利用，包括太阳能、风能、水能、核能、生物质能、燃料电池（氢能）等，比较全面和系统。

近年来，我国新能源的开发利用规模扩大得非常快，水电、风电、光伏发电累计装机容量均居世界首位，核电装机容量居世界第二，在建核电装机容量世界第一。即便如此，我们也不能骄傲，我们与习近平总书记提出的“二氧化碳排放力争于2030年前达到峰值，努力争取2060年前实现碳中和”这个目标要求仍有很大差距。为了达到这个目标，我们的政府积极制定了很多措施，要在供给侧坚持高碳能源清洁化，清洁能源规模化，还要在需求侧坚持节约能源，不仅仅要在工业、交通、运输、建筑、公共机构等高耗能领域推广节能理念，采用节能技术，更要推动可再生能源等替代化石能源。

同学们，你们是国家的未来，相信你们在读完这套丛书之后能更好地了解新能源知识，并且为把我国建设得更加美丽而身体力行。

加油！

国家能源集团低碳研究院 庞柒

引言　最清洁的能源是什么？

万物生长靠太阳。
太阳又靠什么发光发热呢？

通过热核反应释放的超级能量就是我们经常听说的“核能”，它是来自原子内部的神秘力量，看不见、摸不到，但威力巨大。

古代，人们砍柴、挖煤，燃烧用来取暖、做饭，是对能源的初级应用，满足了最低级的生存需要。

现代人开采石油，以石油为原料，生产出各种产品。

汽车、飞机、轮船等现代化交通工具所使用的燃油，就是石油产品。无法像煤那样直接将石油拿来使用，必须经过复杂的工序对其提炼加工。我们对石油的使用，可以说是对能源的深加工，应用程度上了一个台阶，这样我们不仅能吃饱喝足穿暖，而且有便利的交通、发达的信息网络、完善的医疗体系……

石油和煤炭一样属于远古时期的化石能源，是地球深处“凝固”的太阳能。

太阳能的本质是核能。

我们为什么不直接使用核能呢？这应该是对能源最高阶段的应用，会使我们的生活迈上一个新台阶。

但是，对石油的开采、提取、加工已经很复杂了，要想得到原子中的核能，就更不容易了。

科学家们发现核能后就捣鼓出了原子弹这种具有大规模杀伤力和破坏性的核武器，**所以对核能的开发利用，真的是要万分小心。**游戏可以重启，我们的生命一旦失去，可是没有办法再生啊！

那么，核能是怎么被发现的，它为什么会威力无穷？除了做炸弹，它还能干点儿什么呢？为什么说它比风能、水能、生物质能这些清洁能源还要更清洁？

本书就和大家聊聊这些有意思的话题。

一 原子里的终极奥义

看，核桃皮还在。

这上面，核桃皮的原子还在。

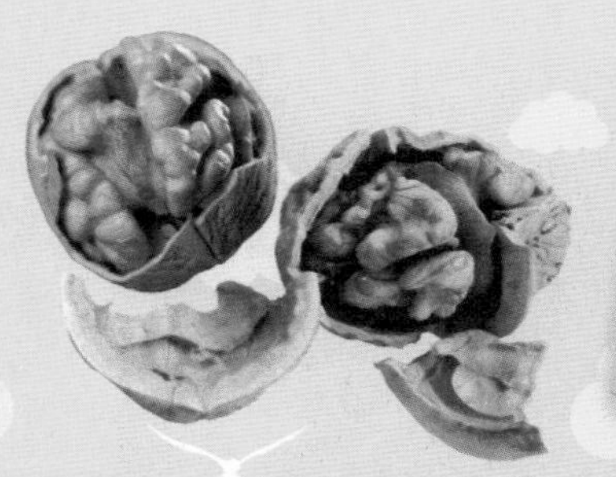

想一想把一个核桃分到最小会是什么样子。

那时候，核桃已经不存在了，但构成核桃的成分其实还在，只是我们的肉眼已经看不到了。可是，再怎么分总会有分不下去的时候吧？

最后不好分割的部分，古人称它为“原子”。**原子这个词来自希腊语“atomos”，意思就是“不可分割”。**

现在我们都知道原子仍然可以再分。在微小的原子里，还有更微小的粒子存在。

这些粒子在原子中可不是静止的，而是组成了一个像太阳系的微小运动系统：质子和中子组成的原子核是“太阳”，周围环绕着若干个电子是“行星”。这些电子像行星一样绕原子核运动。

原子内部非常空旷。打个比方，如果原子有一个地球那么大，那么原子核就比鸟巢（国家体育场）大一点儿，电子的大小则和足球差不多。想象一下，你的周围，甚至整个地球上只有鸟巢和一些足球，其他任何东西都不存在的情况，原子里面就是这样的。

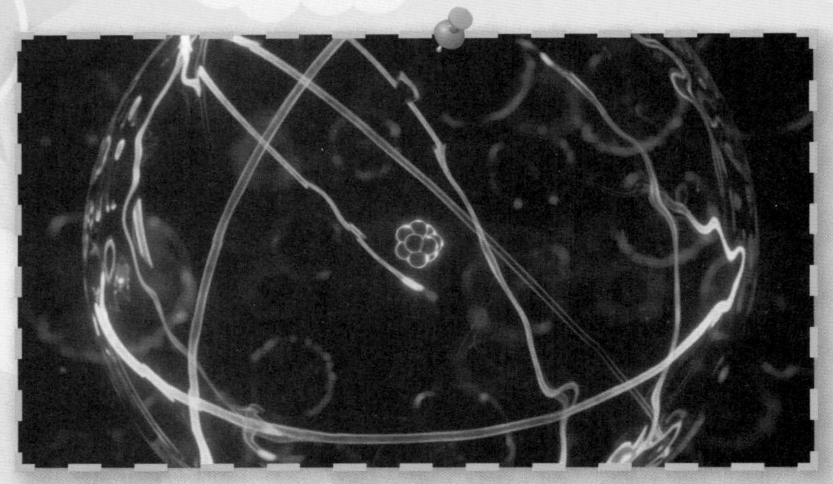

原子内部很空旷

蠹鱼字典

电子云抓不住

随着观察条件的不断改进，物理学也在不断修正对原子的认识。科学家们渐渐发现，电子围绕原子核高速运动，并没有确定的运动方向和运动轨迹，而是一会儿出现在这边，一会儿出现在那边，好像捉迷藏。电子这种运动的结果，就好像一团云笼罩在原子核的周围，这就是“电子云”。如图，这组图片是科学家们捕捉到的碳原子内部的图像，显示了碳原子电子云（蓝色部分）的几种组合方式。电子云并不是真实存在的云朵，它反映的只是电子在原子核周围出现的机会。

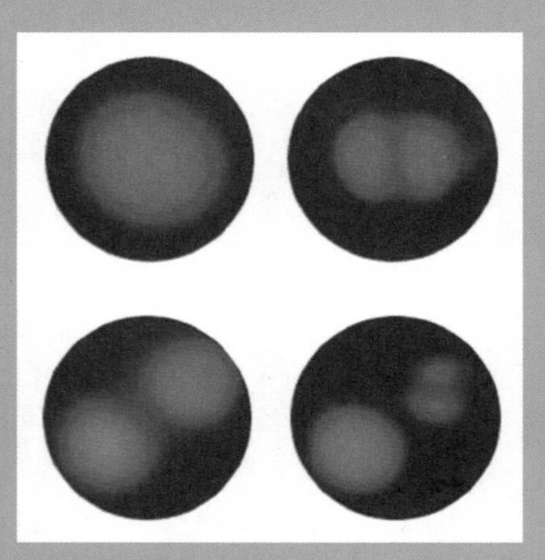

科学家们捕捉到的碳原子内部的图像

这么空旷的原子中，怎么会藏着威力巨大的原子能？

揭开原子能存在的秘密，是 19 世纪和 20 世纪非常重要的物理学发现之一，时间并不漫长，却充满惊奇。

事情得从伦琴发现 X 射线说起。自从可以制造出电后，科学家们就对电展开了各种各样的研究，为此制造了很多新的仪器设备。**这其中就有一种仪器叫克鲁克斯电极管。**

这种管子是用玻璃制成的，中间被抽成了真空，有一正一负两个电极。

克鲁克斯电极管

在两个电极间加上几千伏的电压时，阴极对面的玻璃壁上就会闪烁绿色辉光，但管子里什么都没有出现。这时，在阴极和玻璃壁之间放置物体，玻璃壁上就会出现物体的影子；如果放的是一个小风车，风车的叶片就会转动起来。**像是有一种看不见的射线从阴极发出，科学家们称这种射线为“阴极射线”。**

阴极射线吸引了很多物理学家的目光，其中就有德国物理学家伦琴。

克鲁克斯电极管

伦琴

1895 年 11 月 8 日，伦琴像往常一样对阴极射线进行研究。为了防止外界光线对电极管的影响，也为了管内的可见光不漏出管外，伦琴把房间全部遮黑，还用黑色硬纸给电极管做了个封套。他给电极管接上电源，意外地发现一米外的一块荧光屏上有荧光。他非常惊奇，因为研究表明阴极射线只能在空气中行进几厘米。

于是伦琴重复做实验，把屏一步步地移远，直到 2 米以外，此时仍可见到屏上有荧光。

伦琴的治学态度非常严谨，经过反复实验，他发现只要实验条件相同，这一现象都会出现。伦琴最终确信自己发现了一种新射线，便取名为未知射线，后来这种射线被称为 X 射线或伦琴射线。

伦琴的实验室

研究过程中，伦琴让助手找来很多东西，如有上千页的厚书、2～3厘米厚的木板、几厘米厚的硬橡皮、15毫米厚的铝板等，分别将它们放在放电管和荧光屏之间，结果是X射线穿不透1.5毫米厚的铅板。

用铅板做隔绝保护装置，可以避免被X射线照到。

伦琴还发现，X射线可以穿透肌肉显示出手骨轮廓。于是，他先把他夫人的手放在用黑纸包严的照相底片上，然后用X射线对准照射15分钟。显影后，底片上清晰地显现出他夫人的手骨像，连手指上的结婚戒指都很清楚。

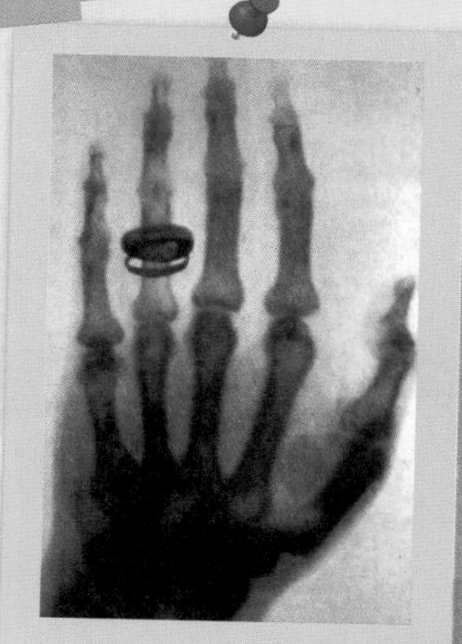

人类的第一张X射线照片

这下子公众沸腾了，X 射线就像是魔法光线，能穿透各种障碍物，看到肉眼看不到的东西！于是，各种行业的人都想使用这种神奇的射线，看看能照出什么。**用科学术语来说，就是 X 射线有强贯穿能力和使照相底片感光的能力**，在当时确实很神奇。

很快，X 射线的这两种能力被应用于医学和金属探伤等领域，科学界也迅速建立起 X 射线学。

X 射线成为热门科学话题后，法国物理学家贝克勒尔开始研究到底有哪些荧光和磷光物质能发出 X 射线。他的研究方法很简单，就是把荧光和磷光物质放在密封的照相底片上，让阳光曝晒，看看底片有没有感光。有的话，那么这种物质就能发出 X 射线。

这个实验过程枯燥漫长，结果是磷光物质——硫酸铀酰钾晶体使底片感光。

贝克勒尔认为这种晶体释放 X 射线。后来贝克勒尔发现，和铀盐放在一起的一张密封底片同样感光，而且上面有很明显的铀盐的像，和经过暴晒后铀盐产生的影像相比，同样清晰。

经过几个月的反复试验，贝克勒尔确信使底片感光的真实原因是铀和它的化合物在不断地发出一种奇异的射线，**他把这种射线称为“铀射线”**，并且认为发出铀射线的能力是铀元素的一种特殊性质，与采用哪一种铀化合物无关。

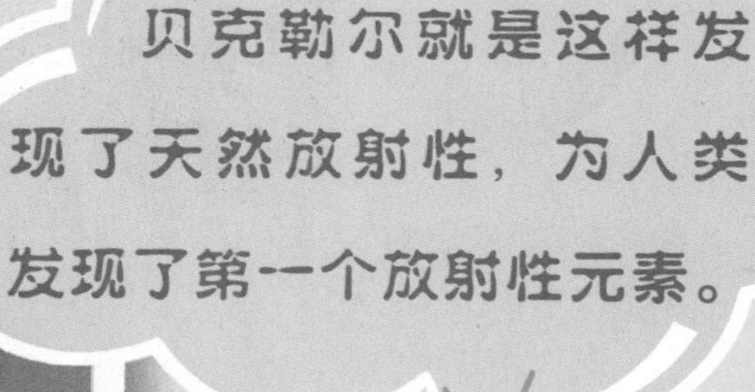

浓缩铀样本

铀和它的化合物长年累月地发出铀射线，纯铀所产生的铀射线比硫酸铀酰钾强 3 ~ 4 倍。

铀射线是自然产生的，不是外界原因造成的，和光照、加热、阴极射线激发等都没有关系，既与荧光无关，也和 X 射线不同。

铀射线也能穿透黑纸使照相底片感光，但它的穿透能力不如 X 射线，无法穿透肌肉和木板。

居里夫妇在试验中

我们对铀的认知，离不开一位女性，她就是居里夫人。

居里夫人在丈夫的支持下，首先确认了铀射线的产生与含铀化合物的组成成分没有关系，也不受外界光照和温度的影响，是铀原子本身的一种特性。

接着，居里夫人发现钍元素也能发射独特的射线，表明这种性质并非铀元素所独有，而是元素的普遍性。居里夫人建议把这种性质称为“放射性”，把具有放射性的元素（如铀、钍）称为“放射性元素”。

在对已知元素的放射性检测中，居里夫妇发现了新元素钋和镭。对这两种元素放射性的研究，揭开了核能研究的序幕。

20 世纪初最惊心动魄的科学研究就此开始。

经过研究，科学家们确定放射性元素会产生三种不同类型的射线，即 α 射线、β 射线和 γ 射线。α 射线容易被吸收，本质是氦离子；β 射线具有较强的穿透力，就是电子流；γ 射线则是一种波长比 X 射线更短的电磁波。

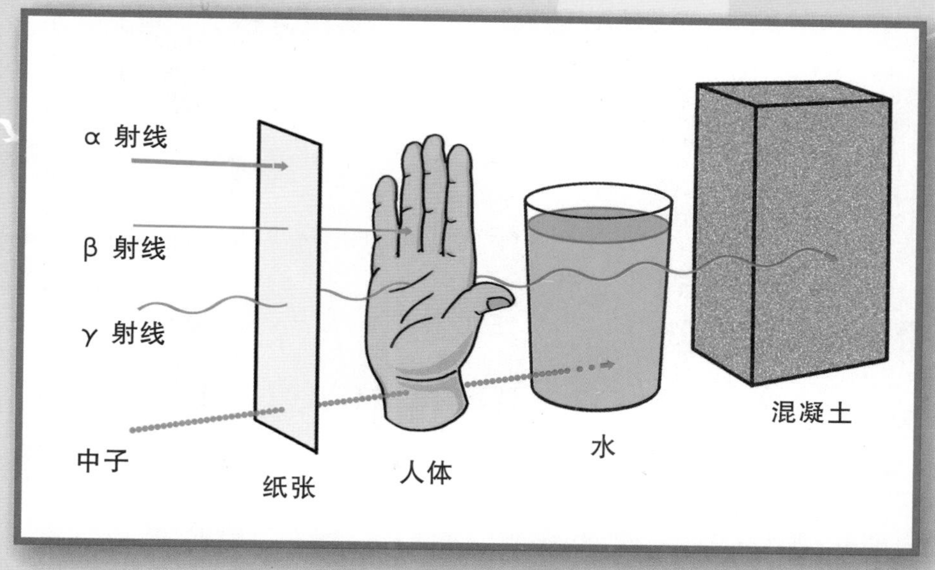

α 射线、β 射线和 γ 射线示意图

为什么会有放射现象？

卢瑟福和索迪在 1902 年提出了一个大胆的假说：**放射现象是一种元素的原子自发地转变为另一种元素的原子的结果。**

假说必须用试验来证实。1903年，索迪等做了一个实验：将氡焊封在细颈玻璃管内，测量到管内的氡不断消失，氦却在逐渐增加。氡在变成氦！

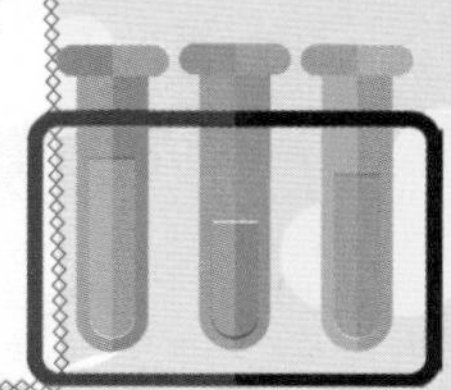

假说得到了证实！这个假说就是原子衰变理论。

原子可分，化学元素可变！

古代炼金师想要寻找点石成金的魔法，科学家们终于找到了！

下一步，只要找出原子衰变的规律，就是一种放射性元素的原子转变为另一种元素原子的密码，那不是想造金子就造金子，想造钻石就造钻石？

科学家才是真正的魔法师！

原子显微镜下的单个原子

科学家们仅仅用了十年时间就成功发现了这个密码，这就是位移律。

在放射性物质的研究工作中，通常把发生衰变的物质称为母体，把衰变后生成的物质称为子体。

位移律指出，某一元素进行 α 衰变时，生成的子体是元素周期表中向左移两格的那个元素的原子；某一元素进行 β 衰变时，生成的子体是元素周期表中向右移一格的那个元素的原子。

科学家们还发现了同位素的存在，就是化学性质相同的一类原子，它们的相对原子质量不同，但原子序数相同，在元素周期表中占据同一个位置。

有了衰变理论、同位素概念和位移律，科学家们梳理清楚了放射性元素之间的关系，建立起了铀和钍两个放射性衰变系列。后来又发现了锕铀放射系和镎放射系（人工放射系）。不过，镎放射系因为没有半衰期足够长的始祖同位素，已经在地球上消失了。

称称电荷有多少

原子由原子核和绕核旋转的电子组成，原子核又由质子和中子组成。每个电子带1个单位的负电荷，每个质子带1个单位的正电荷，中子不带电荷。核电荷数（即质子数）在数值上等于元素的原子序数．质子的质量数为1，中子的质量数也为1，电子很轻很轻，其质量一般忽略不计。质子数和中子数之和就是原子核或原子的质量数。

α 射线又称 α 粒子，它是氦原子核，由两个质子和两个中子组成，质量数为4，带2个单位的正电荷。

β 射线又称 β 粒子，它是电子，带1个单位的负电荷。

如果原子发生 α 衰变，那就是从原子核内放出一个 α 粒子，因此核电荷数（原子序数）减少2，质量数减少4；如果原子发生 β 衰变，放出一个电子，那就是相当于核内一个中子转变成了一个质子，因此核电荷数增加1，质量数不变。

点石成金可以实现吗？

金和其他元素的差别有多大？不就是原子中质子、中子和电子的数目不同嘛。金在元素周期表里的序号是 79，那只要能从序号大于 79 的元素原子中取掉一些质子，或给序号小于 79 的元素原子中增添一些质子，使它们的质子数为 79，不就可以把这些非 79 号元素转变成了 79 号元素！

但是原子核十分坚硬，破坏它需要巨大的能量。据计算，从原子核内取出一个质子所需的能量比把一个分子破裂成原子所需要的能量要高出一百万倍。常规手段根本没有用处。现代科学技术已证明，在巨型粒子加速器中，用超高速的质子、中子、氘核、α 粒子等“粒子炮弹”去轰击原子，原子可被击破，其后，质子、中子和电子便可以重新组合成新的原子。

美国芝加哥费米实验室的粒子加速器

一台粒子加速器的内部情况，蓝色管道内就是粒子的加速腔

1941 年，美国哈佛大学的班布里奇博士及其助手利用“慢中子技术”成功地将比金原子序数大 1 的汞变成了金。1980 年，美国劳伦斯伯克利研究所的研究人员又一次把 83 号元素铋转变成了金。他们把铋置入高能加速器中，用近乎光速的粒子去轰击铋的原子核，结果 4 个质子破核而出，剩下 79 个质子，铋原子的结构便发生了相应的突变，一跃而成为金原子。用类似的方法，他们把 82 号元素铅也变成了金。

只有一个问题，这么造出来的黄金贵得要死，比天然黄金贵了好几百倍！随随便便点石成金，到目前还只能是幻想！

蠹鱼字典

半衰期——放射性元素的生存时间

放射性原子不但按一定的衰变方式进行衰变，而且衰变是有规律的。例如，氡222每过3.8天就有一半的原子发生衰变。也就是说，经过第一个3.8天，剩下一半的氡；经过第二个3.8天，剩下1/4的氡；再经过3.8天，剩下1/8的氡，这样衰变下去，直到衰变为钋218。因此，放射性元素的原子核有半数发生衰变所需的时间，叫做这种元素的半衰期。

不同的放射性元素半衰期不同，甚至差别非常大。有的非常短暂，氡222衰变为钋218的半衰期只有3.8天。有的却很长，镭226衰变为氡222的半衰期为1620年。还有时间更长的，始祖同位素铀238衰变为钍234的半衰期竟然长达45亿年，和地球的年龄差不多。这还不算什么，钍232的半衰期甚至达140亿年，比地球存在的时间还要长很多。因此，铀、钍等元素至今还在地球上留存。

玛丽·居里，获得两次诺贝尔奖的女性科学家！

玛丽·居里在实验室中

从1899年到1902年底，居里夫妇在物理学校的工棚里艰苦地工作了45个月，一千克一千克地处理了8吨废矿渣。经过几万次的溶解、沉淀和结晶等提炼工作，他们终于得到0.12克的纯氯化镭，它的放射性是铀盐的200万倍！

把镭放进玻璃瓶，玻璃瓶就放出紫色的荧光。

镭也能使金刚石、红宝石、萤石、硫化锌等发出磷光。

1903年，居里夫妇和贝克勒尔一道荣获了当年的诺贝尔物理学奖。

1911年，居里夫人获得了诺贝尔化学奖。

全世界只有为数极少的几位科学家两次获得诺贝尔奖，居里夫人是其中唯一的女性。

在原子转变的过程中，伴随着能量释放。这就是令人谈之色变的核反应。

1935 年，居里夫人的女婿约里奥－居里在领取诺贝尔奖的演说中预言：“我们看清楚了，那些能够创造和破坏元素的科学家也能够实现爆炸性的核反应……如果在物质中能够实现核反应的话，那就可以释放出大量有用的能量。”

如何让原子转变？科学家们找到了中子。用中子作为炮弹轰击原子核，比 α 粒子威力更大。因此，可以说中子的发现打开了原子核的大门，为核能的实际应用提供了方法。

发现中子的过程就是物理学家们的一场充满竞争与合作的竞赛，获胜的是整个人类。

在 1920 年，卢瑟福预言原子内可能存在一种质量与质子差不多的中性粒子。

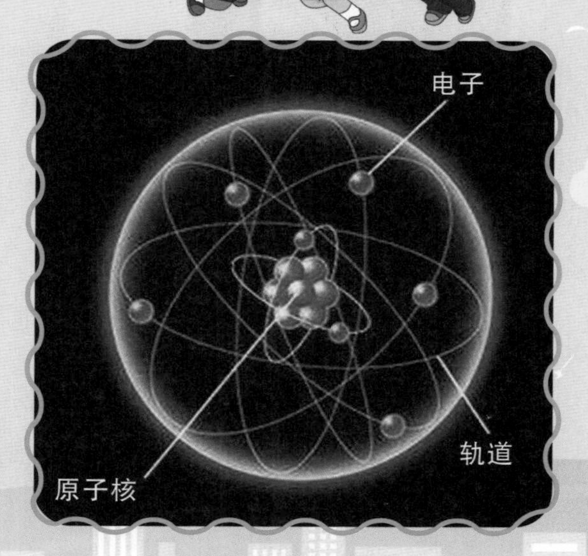

原子结构示意图

1930年，德国物理学家波特和他的学生贝克研究了卢瑟福做的实验，他们注意到卢瑟福是通过观察硫化锌荧光屏是否发生闪光来判断有无发生核反应。

贝特改进了试验，他使用卢瑟福的学生盖革发明的计数器进行研究。

这个计数器叫盖革计数器，可以测量各种射线，并计算粒子数目或射线强度。

早期的盖革计数器

贝特用计数器进行射线研究。他将钋作为α粒子的放射源，因为钋只放射α粒子，不放射β射线和γ射线，这就使实验简单多了。由于钋不放射β射线和γ射线，而放射出来的α粒子穿不透计数管的玻璃壁，所以计数管没有计数。

但是，只要在 α 粒子源和计数管之间放上涂有锂、铍或硼的片，计数管就开始计数。这说明 α 粒子打到了锂、铍或硼的原子核上，发生了核反应，并且放出了某种射线。其中以铍放出来的射线最强烈。

这是什么射线呢？

贝特做了测试实验。他尝试加上电场和磁场，发现射线在电场和磁场中不会偏转，说明射线不带电荷，既不是 β 射线，也不是 α 粒子和质子。他又用 2 厘米厚的铅板做试验，结果射线穿透过去了，但强度只减弱 13%。他认为这种射线是穿透能力极强的 γ 射线。

在法国，约里奥－居里也在做贝特做过的实验。他让铍发出的射线通过石蜡，结果产生了高速的质子。

看来铍发出的射线将石蜡中的氢碰了出来，证明这种射线不可能是电磁波。

它是什么呢？研究人员困惑不解，但他们没有进一步探索就将实验结果于 1932 年 1 月公布了。

一个月以后，卢瑟福的助手、英国物理学家查德威克用铍发出来的射线攻击氢，发现了高速的质子；攻击氮原子，氮原子也被推动了，只是速度比质子小得多；攻击氩原子，氩原子同样被推动了，只是速度又小了一些。**这说明铍发出的射线不是 γ 射线，而是具有一**

定质量的某种粒子。

经过反复的实验，查德威克认为 α 粒子打在铍核上产生的不是 γ 射线，而是一种高速的不带电荷的中性粒子。这种粒子与氢、氮、氩的原子核碰撞，就会把它们弹开，与他和卢瑟福以前研究的 α 粒子弹开氢原子核的情形一样。

那么，这种不带电荷的中性粒子的质量有多大呢？查德威克根据实验结果计算出来，它的质量与质子几乎一样大。**查德威克把这种不带电荷的中性粒子叫做“中子”。**

查德威克因此获得了1935年的诺贝尔物理学奖。

中子的发现让人们找到了一种对付原子核的“武器”。这是因为中子不带电，它非常容易与原子核接近，可以攻破结实的原子核，从而打出其中的质子。

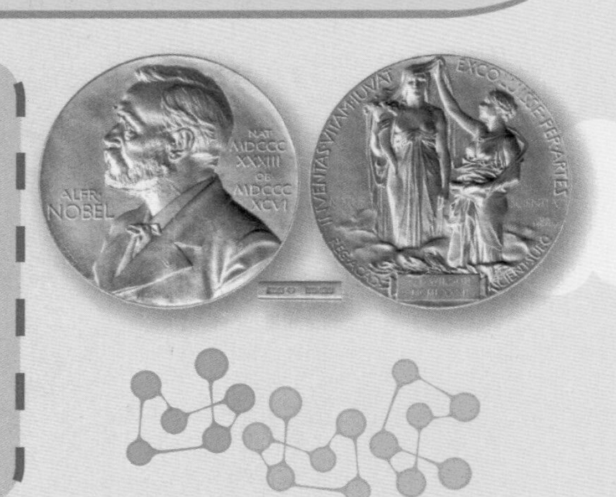

果然，意大利实验物理学家费米改用中子对当时已知的 92 种元素逐一进行轰击实验，结果不但发现了许多元素的同位素，还发现了一种新的现象：**把中子源和被轰击的物体放在大量石蜡中，放射性会增加很多倍。**

水也会产生类似的效应。费米用“慢中子”解释这一现象。他认为，由于质子和中子的质量相等，所以当快中子与静止的质子发生碰撞时，快中子损失能量变为“慢中子”，慢中子与重原子核的反应截面增大，因此更容易引起核反应。这就是慢中子效应。

费米因这一重大发现获得了1938年的诺贝尔物理学奖。

到这时，原子中的奥秘已经被科学家们揭开了不少，于是他们乘胜追击，想要取得更多的成果。

1938年底，德国化学家哈恩通过试验发现，铀原子核受中子轰击后发生核反应，变成了钡和氪的原子核。

物理学家莉泽·迈特纳

1939年，物理学家莉泽·迈特纳，她也是哈恩的助手和好友，与侄子弗里施对哈恩的论文进行了细致研究，认为**铀原子核受中子轰击后会分裂成两半。**

他们发表了文章《中子导致的铀的裂体：一种新的核反应》阐述新的看法：裂变后的原子核的总质量比裂变前的铀核的质量小，这个小小的质量差转换成了能量。

迈特纳使用爱因斯坦相对论中的方程 $E=mc^2$ 计算出每个裂变原子核释放的能量高达2亿电子伏特。

莉泽·迈特纳借用生物学中的一个词，把铀核的一分为二称之为“裂变”。裂变理论奠定了原子弹和原子能的基础，因此，莉泽·迈特纳被誉为“原子弹之母”。可惜的是，公众对她的成就了解不多，忽略了这位伟大的女性物理学家。

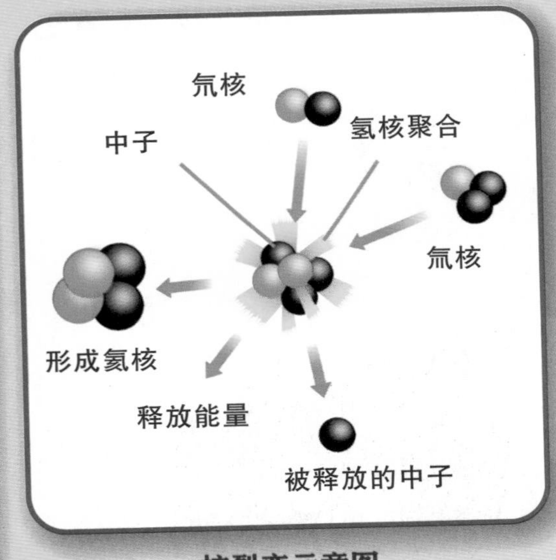

核裂变示意图

费米进一步推测：如果在铀核裂变的过程中同时释放一些中子，那么，新一代中子会导致更多的原子核产生分裂。假如能这样一代比一代更快、更大规模地进行下去，就会引发“链式反应”。这种核裂变的链式反应能不能导致“核爆炸”的出现呢？

通过仔细研究，科学家们认为这种现象可能出现。如果在 1 秒内引发 10^{20} 个铀原子核裂变，就可以产生约 300 万千瓦的功率。**这么强大的能量，可以用来造福人类，也可以用来毁灭人类。**

想象一下一串鞭炮被点着的情形。这些鞭炮的捻子都串在一起，只要有一根捻子被点着，鞭炮就会一个个地被点着，“噼里啪啦”炸起来，直到炸完。**这与核裂变的链式反应有点类似，最后一个原子核不裂变完就不会结束。**

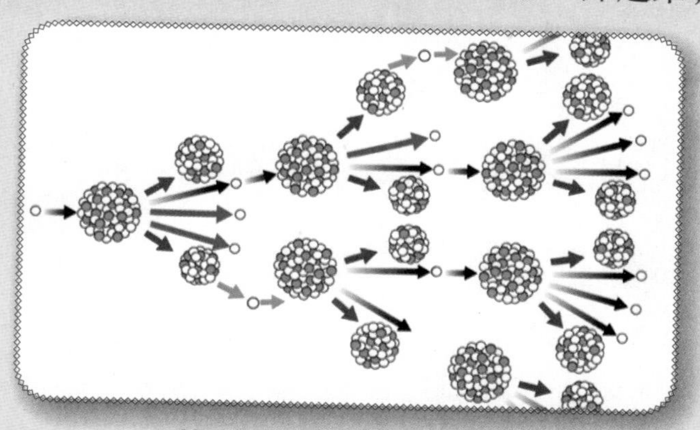

核裂变的链式反应示意图

到此时，科学家们已经完成了对核能量的基础研究，打开的大门后是地狱还是天堂，就看人们的选择了。

二 毁灭还是生存？

我还想出去捡
呢，一个球能把
你砸得那么疼？
龙

你在10楼！你扔的球
产生的瞬间冲击力比
拿铅球直接砸我脑袋
大多了！
龙

有研究表明，将一颗质量为 30 克的鸡蛋从 4 楼扔下，如果砸到人的头，头上就会起肿包；从 8 楼扔下，可以损伤头皮；从 18 楼扔下，就很可能砸伤头骨；从 25 楼扔下能使人当场死亡！

$E=mc^2$！质量再小的物体，只要速度够快，也能获得巨大的能量，造成危害。从高处扔下来的鸡蛋，在重力作用下获得高速度，就会变得比石头还要威力大。

$E=mc^2$ 叫做质能方程，这是物理学家爱因斯坦在 1905 年提出的伟大定律。

这一定律反映能量 E 和质量 m 的关系。公式中的 c 表示光速常量，即真空中光的速度，约等于每秒 300000000 米，也就是 3×10^8 米。

我们来计算一下，由质子和中子合成 4 克氦原子核的时候，质量会亏损 0.03 克。这时会放出多少能量呢？按公式 $E=mc^2$ 计算，放出能量 $E=0.00003\times(3\times10^8)^2=2.7\times10^{12}$（焦耳），这个热量可以把 5000 吨水烧开！

但是，把 4 克氢（需要 32 克氧）点燃生成水放出的能量只有 480000 焦耳，这个能量只能把大约 1 千克水烧开。

核反应释放的能量大得惊人。

铀 235 连续裂变过程中产生的爆炸威力，理论上是同等质量梯恩梯（TNT）炸药的 2000 万倍！而且两次裂变之间的时间还不到百万分之一秒，也就是说，能在极短的时间内释放巨大能量。

这么大的爆炸能力可以用来做什么？在一些人的眼里，当然是制造武器。1937 年，希特勒批准了德国研制原子弹的计划——“铀计划”，并从 1939 年开始着手实施代号为“U 计划”的秘密研制工程，这意味着纳粹开始进行核武器的研制！

得知这一计划的美国科学家们坐立不安，他们深知核能威力巨大，如果纳粹德国抢先制造出原子弹，那么人类将陷于法西斯的黑暗之中。**唯一的办法就是抢在德国之前制造出原子弹！**

在爱因斯坦等著名科学家的努力下，美国在 1941 年上马“曼哈顿计划”，研究制造原子弹。

曼哈顿计划的标志

1945 年 7 月 16 日，第一枚原子弹被成功引爆。炸弹爆炸形成一团巨大的蘑菇云，高 1000 多米，其威力相当于 2 万吨梯恩梯炸药，震波持续了数千米。

由于美国的工业技术设施与建设未受到战争的直接威胁，同时掌握了必需的资源，集中了一批国内外的优秀科技人才，“曼哈顿计划”取得了预想的成功。

在整个计划中，美国直接动用人力约 60 万人，投资 20 多亿美元，到 1945 年第二次世界大战即将结束时成功制成 3 颗原子弹。美国成为第一个拥有原子弹的国家，也是唯一一个实际使用了原子弹的国家。

原子弹爆炸释放的总能量，即威力的大小，常用释放相同能量的梯恩梯炸药量来表示，称为梯恩梯当量。现在美国、俄罗斯装备的各种核武器的梯恩梯当量，小的仅 1000 吨，甚至更低；大的达 1000 万吨，甚至更高。

原子弹的进一步发展就是氢弹，也称为热核武器。

氢弹利用的是某些轻核聚变反应放出的巨大能量。它的装药可以是氘和氚，也可以是氘化锂 6，这些物质统一称为热核材料。按单位质量的物质计，核聚变反应放出的能量比裂变反应更多，而且没有所谓临界质量的限制，因而氢弹的爆炸威力更大，一般要比原子弹大几百倍到上千倍。

1945 年 8 月，美国在日本广岛和长崎分别投下一颗原子弹。

全人类都看到了来自地狱的死神面孔。

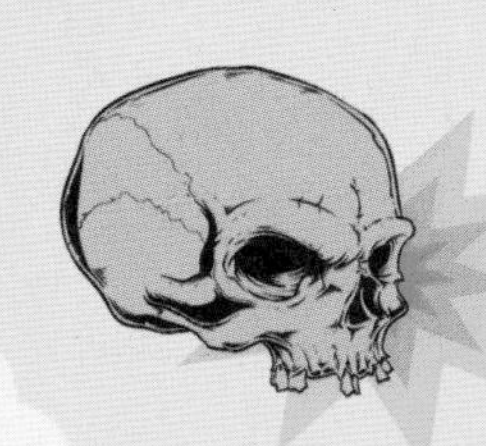

原子弹“小男孩”在 1945 年 8 月 6 日上午 8 点 15 分在日本广岛上空爆炸后，瞬间城市就化为废墟，8 万人当场死亡。还有许多人遭受不同程度的烧伤和烫伤，四个月就有 25000 人死于核辐射。核辐射污染了土地和水源。

蠹鱼字典

两颗原子弹

投在广岛的原子弹代号是“小男孩”，弹重约 4100 千克，直径约 71 厘米，长约 305 厘米。核装药为铀 235，爆炸威力约为 14000 吨梯恩梯当量。

投在长崎的原子弹代号是“胖子”，用钚 239 作为核装药。弹重约 4500 千克，弹最粗处直径约 152 厘米，弹长约 320 厘米，爆炸威力估计为 20000 吨梯恩梯当量。

代号“小男孩”的原子弹

代号“胖子”的原子弹

原子弹爆炸的效果

原子弹爆炸不仅释放的能量巨大，而且核反应过程非常迅速，在微秒级的时间内即可完成。因此，在原子弹爆炸周围不大的范围内会形成极高的温度，加热并压缩周围空气使之急速膨胀，产生高压冲击波。一颗3万吨当量的原子弹爆炸后，在离爆炸核心800米处，冲击波会以每秒200米的速度席卷一切。

地面和空中核爆炸，还会在周围空气中形成火球，发出很强的光辐射。当量2万吨左右的原子弹在空中爆炸后，距离爆炸核心7000米的地方人会受到比阳光强13倍的光辐射的照射，而在2800米范围内，光辐射会迅速致盲，且皮肤会因为光辐射照射而大面积灼伤溃烂，一些物体还会燃烧。

在原子弹起爆的最初几十秒中，核爆会释放出中子流和γ射线，1100米范围以内的杀伤力极强。向外辐射的强脉冲射线与周围物质相互作用，造成电流的增长和消失过程，其结果是产生电磁脉冲。电磁脉冲的电场强度为1万至10万伏，可以摧毁起爆点周围的一切电子设备。

在原子弹爆炸后，随着蘑菇云的飘散会有大量的放射性粉尘飘落到地面，会灼伤人体皮肤，严重者最终死亡。

这些不同于化学炸药爆炸的特征，使核武器具备特有的强冲击波、光辐射、早期核辐射、放射性沾染和核电磁脉冲等杀伤破坏作用。原子弹的杀伤力持续时间长，毁坏力巨大，它爆炸后的世界将是一切皆毁灭的末日景象。

除了毁灭，原子弹对人类还有什么作用？

作为能释放出巨大能量的核爆炸，原子弹在和平建设中还是有用武之地的。我们可以利用地下核爆炸的高温高压，将石墨变成金刚石，利用地下核爆炸产生的强大中子流生产超铀元素，还可以利用核爆炸开山辟路、挖掘运河、建造人工港口等。

不过，由于核爆炸具有危害性，这些理论上可行的有益行为，大多数只能停留在理论上，不能得到具体实施。

地下工程爆破，如矿石和岩层的破碎与开采，建造岩层内大型储藏库，增加石油与天然气产量，开采石油、天然气、铜矿等，都可利用核爆炸进行。地面开挖工程，如开凿运河和隧洞、河流改道、筑水库等，也可利用核爆炸快速完成。

比起炸药，用核爆炸采矿既省时又省钱。如用炸药粉碎 100 万吨矿石岩块，需要钻 2 ~ 4 千米巷道，钻 1 万米深的井，放 50 万 ~ 60 万吨炸药，所消耗的价值占矿产价值的 30% ~ 40%，如果采用核爆炸，就要经济得多。

苏联利用核爆炸在干旱地区建造人工水库网，解决工业区和农场的供水问题。他们在塞米巴拉金斯克州恰刚河滩地区，设计爆炸抛射土壤，于1965年1月15日完成了建造恰刚水库的工程。

恰刚人工湖工程是在地下178米深处实施核爆炸，爆炸威力相当于14万吨梯恩梯炸药，其结果是形成深约100米，直径约为430米的漏斗形水库。该人工湖的总容量为1700万立方米，漏斗形水库的容量为640万立方米。在爆炸瞬间，烟尘高达4800米，放射性沉降物约为20%。

为了证明工程质量和安全性，当时的苏联原子能部部长斯拉夫斯基第一个跳进湖内游泳。

科学家曾经设计了一个方案，表明只需四次核爆炸就可开凿一个能停泊万吨巨轮的海港。

首先进行一次百万吨梯恩梯当量级的核爆炸，可炸出一个直径300多米、深30多米的大坑，然后进行三次规模较小的核爆炸，开出一条运河把大坑和深海连接起来。只需几个月的时间，待海潮把产生的少许放射性物质冲走后，这个海港就能安全使用了。

在如何利用核爆炸方面，需要科学家们具有科幻思维。

在核裂变理论建立之时，莉泽·迈特纳就担心这种理论会被用来制造武器。作为一个坚定的和平主义者，她拒绝了美国向她发出的参加“曼哈顿计划”的多次邀请，战时一直留在瑞典。

那些参与了“曼哈顿计划”的科学家目睹了原子弹试验的成果：1945年7月15日，人类的第一颗原子弹“小玩意”作为试验品在美国的一处试验场被引爆。

核爆炸产生了上千万度的高温和数百亿个大气压，致使一座30米高的铁塔基本被熔化为气体，并在地面上形成一个巨大的弹坑。核爆炸腾起的烟尘若垂天之云，极为恐怖。在半径400米的范围内，沙石被烧成了黄绿色的玻璃状物质，半径1600米的范围内，所有的动物全部死亡。这颗原子弹的威力要比科学家们原估计的大出了近20倍，为2万～2.2万吨梯恩梯当量。

在场的《纽约时报》的科学记者威廉·劳伦斯这样描述爆炸时刻：**“那一刻成为永恒。时间停止了，空间收缩成一个点，瞬时天崩地裂，人们似乎有幸看到了地球的诞生。”**

在日本投放原子弹后，当地人间地狱般的惨状更促使大批科学家反对核武器的继续研制使用。

那些参与了“曼哈顿计划”、为美国进行原子弹研究工作的物理学家们，与17位诺贝尔奖得主共同创办了一份《原子科学家公报》，旨在反对使用核武器。**这份报纸还在1947年牵头设置了具有象征意义的“世界末日钟”，随时提醒人们警惕核危机和其他危险。**

世界末日钟

蠹鱼字典

人类毁灭只差两分钟

“世界末日钟”标示出世界受核武器及各种灾害威胁的程度：12 时整象征核战争或灾害爆发。《原子科学家公报》根据世界局势将分针拨前或拨后，以此提醒各界正视问题。最近一次时钟调整在 2018 年 1 月 25 日，由于核武器和气候变化的原因，末日时钟上的时间调到了 11 点 58 分，距离世界末日降临仅差 2 分钟。人类如果还不警醒，最终将用自己制造的危险技术毁灭自己。

拨动世界末日钟

此时，第二次世界大战已经结束，经历了战争困苦的人们渴望和平，百废待兴，对能源的需求摆上了首位。

核反应释放的能量不能用于毁灭，那能否用于建设？

美国人开始研究核能发电。**1949 年，在美国爱达荷州的阿科市附近，世界上第一个增殖反应堆 EBR-Ⅰ建立，专门用于核能发电实验。**1951 年 12 月 20 日，EBR-Ⅰ发电成功，生产的电可以点亮四个 200 瓦的灯泡，相当令人惊喜。EBR-Ⅰ运行平稳，到 1955 年，产生的电力足够阿科市使用。

阿科市因此成为人类历史上第一座完全由核动力驱动的城市。EBR-Ⅰ一直使用到 1964 年才关闭。

EBR-Ⅰ现状

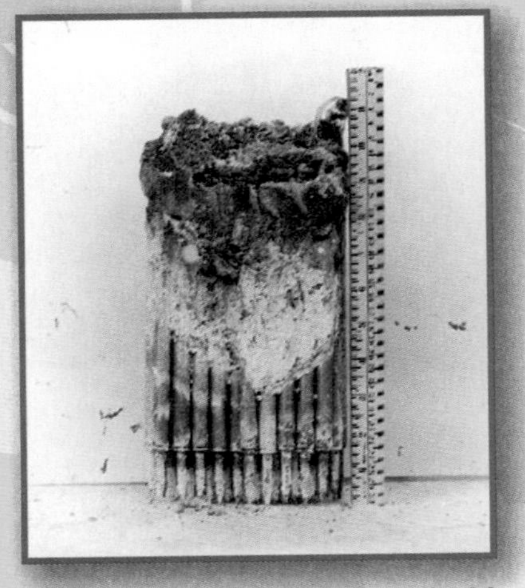

当年 EBR-Ⅰ中被烧熔的燃料

EBR-Ⅰ反应堆产生的电力点亮了四个灯泡

苏联人在核能研究上不甘落后，虽然在原子弹研发上比美国晚了一些，1949 年 8 月才成功引爆第一颗原子弹，但在民用核能方面却差不多和美国人齐头并进。

1954 年 6 月 27 日，苏联的广播电台播报了一则震惊世界的新闻：“在科学家和工程师的共同努力下，苏联建成了世界上第一座 5000 千瓦发电量的核电站，该核电站已为苏联农业生产项目提供所需电力。”

这座核电站建在距离莫斯科只有 106 千米的奥布宁斯克，虽然规模比较小，**但它是世界上第一座通过常规输电网供应电力的核电站**，而且平稳运行了将近 50 年，直到 2002 年才正式停止使用。

核电站所使用的反应堆被称为“和平原子能”，被全世界公认为是人类科学与技术发展过程中的标志性时刻。它的投入使用标志着人类核能发电时代的到来，也意味着核能的和平利用成为现实。

苏联奥布宁斯克核电站

英国、美国等国家也紧跟苏联的脚步，建造自己的核电站。美国在 1957 年 12 月建成希平港压水堆核电厂，1960 年 7 月建成德累斯顿沸水堆核电厂，为轻水堆核电的发展开辟了道路。英国在 1956 年 10 月建成卡尔德霍尔产钚、发电两用的石墨气冷堆核电厂，这是世界上第一个商业核电站。

希平港核电厂

德累斯顿核电厂

德累斯顿核电厂的控制室

卡尔德霍尔核电站

这些核电站都带有实验性，在利用原子核裂变能发电上还处于低水平的初级阶段，是原型核电机组，为下一步商用核电厂的发展奠定了基础，**被称为第一代核电站。**

由于核浓缩技术的发展，到1966年，核能发电的成本已低于火力发电的成本，**核能发电开始真正迈入实用阶段。**

从20世纪60年代中期到90年代末，在实验性和原型核电机组的基础上，陆续建成发电功率为几十万千瓦或几百万千瓦，并采用不同工作原理的核电机组。**这就是第二代核电站。**

1973 年的世界第一次石油危机，促使各国将核电作为解决能源问题的有力措施，积极支持核电发展。

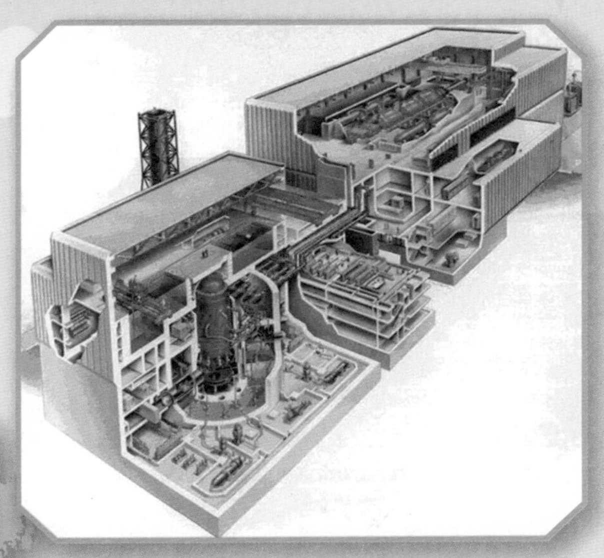

沸水堆核电厂的机组模型

根据核电机组的不同，第二代核电站的建设形成了几个主要的核电厂类型：压水堆核电厂、沸水堆核电厂、重水堆核电厂、气冷堆核电厂以及压力管式石墨水冷堆核电厂。

这期间全世界一共建成 441 座核电站，最大的单机组功率达到 150 万千瓦，总运行业绩达到上万个堆年。其间仅出现过两次较大的事故，即三里岛核电厂事故和切尔诺贝利核电厂事故。

对核电站来说，任何事故都不是小事，尤其是切尔诺贝利核电厂事故，可以说给正在蓬勃发展的核能事业浇了一盆冷水。

第一座反应堆

为了制造原子弹，科学家们在美国芝加哥大学一个阴凉、通风的地下室里建造了人类的第一座核反应堆CP-1。这个装置长10米、宽9米、高5.6米，形状如锥形，内装52吨核反应材料，其中6吨是金属铀，另外46吨是氧化铀。一层铀和一层石墨堆积了总共57层，所以叫做反应堆。堆中还给由镉制成的控制棒留出了位置。

1942年12月2日，反应堆开始裂变反应。它宣告了人工可以控制核反应的开始，也是人类向大自然终极能源挑战的开始。第一次核反应只持续了短短的28分钟，却从实验上论证了链式反应理论，为原子弹的制造提供了可靠的依据。

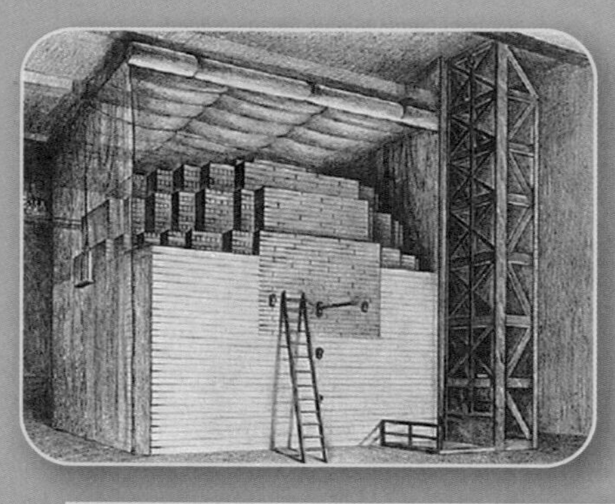

人类第一座核反应堆CP-1

实验过程中紧张等待结果的科学家们

三　抓住核能发展的无形之手

你看我们1895年发现了X射线，1945年造出了原子弹，1952年建造了核电厂，速度多快！按照这个速度，现在应该全都用上核能了！可我们还在烧煤、烧油！

是啊，核能似乎几十年都没有发展。这是因为有一只无形的手挡住了核能的发展。
真的吗？

核能显示出巨大的威力，但这几十年来核能应用一直没有得到充分发展，就像有只无形的手挡住了核能发展的道路。

这只“手”叫做核辐射。

在原子能研究早期，科学家们对核辐射认识不足。刚发现X射线的时候，整个社会都视其为时髦的“透视”工具，各行各业都在尝试使用X射线，全然不考虑射线对人体的损害。

使用的X射线设备也十分简陋。X射线机采用热阴极气体真空玻璃管，没有射线准直系统，X射线摄影工作者不但没有考虑放射防护的安全问题，放射科室还多设在阴暗潮湿的地下室，X射线管受潮经常发生故障。

1896年1月18日，X射线机在荷兰正式亮相

1898 年，在没有任何防护条件的情况下，英国伦敦皇家医院的医生汉纳克和他的 3 名助手就开始使用 X 射线机，结果 5 年后他们全部出现放射损伤，其中一人死亡，一人双手因为严重的放射性皮炎而被迫截肢。

大发明家爱迪生和他的助手因为长期从事 X 射线管实验工作，也受到了损害，1900 年后，两位助手的手部都患上了皮肤癌。**1903 年，爱迪生对记者说：“别再跟我谈 X 射线了……我怕它们！”**

居里夫人发现元素镭后，有医生发现接触镭能够消灭肿瘤。于是，镭成了大众心目中包治百病的“神药”，有益健康。

一时追捧镭甚至成了一种社会风尚，从喝的鸡尾酒到用的化妆品，商家们都要加点镭，并且都能大卖。

令人意想不到的是，这些所谓的含镭的“营养滋补品”和“护肤品”给无数人带来了死亡的阴影。例如在 1928 年，24 岁的美国姑娘艾米丽由于大量接触“镭产品”而苦不堪言，一年后便去世了。

当时，工人用含镭元素的颜料画夜光表盘，必须用嘴唇嘬笔头使其聚拢尖锐，因而被辐射。

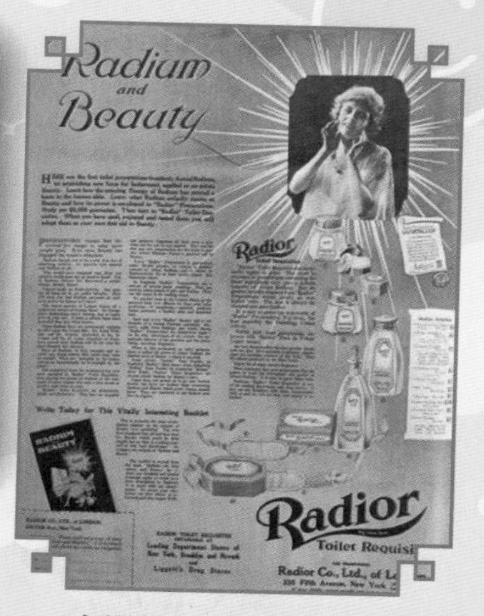

含镭化妆品的宣传广告

就连居里夫人自己也因长期接触放射性物质，加上工作艰苦，患恶性贫血去世。直到她去世后40年，她用过的笔记本仍然还有放射性。她的医生证明：“夺去居里夫人生命的真正罪魁祸首是镭。”**要知道，镭的放射性比铀的放射性强100万倍！**

居里夫人的女儿因急性白血病发作，不到60岁就撒手人寰。她和她母亲一样，都是由于长期受X射线和γ射线辐射，却没有做适当的防护而造成死亡的。

直到20世纪50年代，在英国进行X射线近距离透视操作的医生才有了铅手套和铅围裙等简单防护工具。

在许多放射科工作的技师、医生、研究人员和患者献出了宝贵的生命后，对辐射伤害的研究才受到了重视。也就是从这时候起，核辐射渐渐成为核电站运行是否安全的重要指标。

现代医学研究表明，少量的辐射对人体不会产生影响，而且还有一些正面作用。例如：医院利用X射线给病人做胸透；放疗是治疗癌症比较常用的方法，其原理就是利用辐射杀死癌细胞。

辐射量一多，就会对人体产生伤害。例如接受放疗的病人会有脱发、恶心、乏力等症状出现。剂量再大一点的辐射，还会导致基因变异，诱发血癌、皮肤癌等疾病。像原子弹爆炸产生的巨量辐射，会烧伤甚至烧死一切生命体。

核辐射三强：α、β 和 γ

核辐射对人体的危害，主要体现在辐射放出的 α、β 和 γ 三种射线上。

α 射线是高速运动的氦核，照射穿透能力很弱，只要用一张纸就能挡住，但吸入体内危害大；β 射线是电子流，照射皮肤后烧伤明显。这两种射线由于穿透力小，影响距离比较近，只要辐射源不进入体内，影响不会太大。

γ 射线的穿透力很强，是一种波长很短的电磁波。γ 射线和 X 射线相似，能穿透人体和建筑物，危害距离远。

宇宙、自然界能产生放射性的物质不少，但危害都不太大，只有核爆炸或核电站事故泄漏的放射性物质才能大范围地对人员造成伤亡。

其实，辐射无处不在。不必谈辐射色变。看看科学给辐射的定义：自然界中的一切物体，只要温度在绝对零度（即 −273.15 ℃）以上，都以电磁波和粒子的形式时刻不停地向外传送热量，这种传送能量的方式被称为辐射。太阳在辐射，电视机在辐射，手机在辐射……甚至可见光本身，都是一种电磁辐射，我们躲是躲不开的，也不必刻意防范。因为辐射量要超过一定标准，才会对人体造成危害。

与其担心各种电子设备的辐射危害，不如出门时做好防晒工作。因为太阳光的辐射是一级致癌物，如果暴晒，可是会影响健康的。

核辐射标志

蠹鱼字典

手机辐射和基站辐射谁更强？

手机辐射与基站辐射的辐射值不同，两者的电磁辐射值其实都不高，基站所产生的辐射值要高一点。不过，电磁辐射是距离越近，受辐射时间越长，所受到的伤害就越大。一般居民家屋顶上安装的手机基站离我们的距离为安全距离，所受辐射影响其实很小。

基站对手机功率有一个自动控制机制。手机自己不知道距离基站的远近，开始会采用最大功率发射，基站收到后会向手机发送逐阶降低发射功率的指令，1秒钟内会发送几十到几百次指令，处于近处的手机会在极短的时间内把发射功率调整到很低的水平。

基站发射功率虽然比手机大，但由于手机距离人体近，综合比较后，还是手机对人体的辐射量大得多。因害怕辐射而抵制基站非但毫无必要，甚至还起到了相反的效果。因为手机与基站的距离远了，手机使用者反而要遭到更强的辐射！

当然，核电站的核反应所释放的辐射量，远远超出我们日常生活中所遇到的辐射量。**这也是核电站会被不明真相的大众恐惧的原因。**

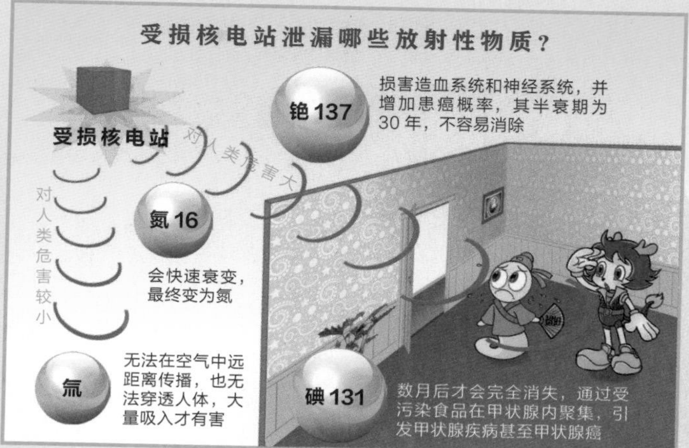

切尔诺贝利核电站事故又加深了人们对核辐射的恐惧。这座核电站位于苏联基辅市以北 130 千米，1973 年开始修建，1977 年启动，是苏联最大的核电站。

1986 年 4 月 26 日，切尔诺贝利核电站发生七级核事故，这是核事故中的顶级事故。

核电站 4 号机组采用的是压力管式石墨慢化沸水反应堆。这个反应堆具有正反馈机制——温度越高，产生的能量越多，能量增加会导致温度进一步升高。按计划对 4 号机组进行停机检查时，由于电站人员多次违反操作规程，导致反应堆能量增加。

4 月 26 日凌晨，反应堆熔化燃烧，引起堆芯燃料元件破裂爆炸和蒸汽爆炸。1 点 23 分，两声沉闷的爆炸声打破了周围的宁静。随着爆炸声，一条 30 多米高的火柱掀开了反应堆的外壳，冲向天空。

反应堆的防护结构和各种设备整个被掀起，高达 2000 ℃的烈焰吞噬着机房，熔化了粗大的钢架。**携带着高放射性物质的水蒸气和尘埃**随着浓烟升腾、弥漫，遮天蔽日。

爆炸使 4 号机组完全损坏，连续燃烧释放核辐射，8 吨多强辐射物质泄漏，尘埃随风飘散，致使俄罗斯、白俄罗斯和乌克兰等大面积的地区遭到严重的放射性污染。

消防员用水和化学药剂灭火，这些物质瞬间蒸发。1、2、3 号机组暂停运转，当地政府宣布电站周围 30 千米为危险区，并紧急疏散居民。5 月 8 日，反应堆停止燃烧，但温度仍有 300 ℃。**在 1100 千米外的瑞典检测到的放射性尘埃，其放射强度超过了正常值的 100 倍。**

爆炸时泄漏的核燃料浓度很高，直到事故发生 10 个昼夜后，反应堆才被封存，放射性元素一直在超量释放。

由于放射性烟尘的扩散，整个欧洲都被笼罩在核污染的阴霾中。邻近国家检测到超常的放射性尘埃，致使粮食、蔬菜、奶制品的生产都遭受了巨大的损失。

核污染给人们带来了很多精神上的不安和恐惧。

切尔诺贝利核电站出事的 4 号反应堆

据统计，切尔诺贝利核电站事故后的 7 年中，有 7000 名清理人员死亡，其中 1/3 是自杀。参加医疗救援的工作人员中，有 40% 的人患了精神疾病或永久性记忆丧失。

白俄罗斯因切尔诺贝利核电站事故损失了 1/5 的农业用地，220 万人居住的土地遭到污染。核电站附近 7 千米内的松树和云杉纷纷枯萎，土地、水源被严重污染，成千上万的人被迫离开家园。**切尔诺贝利成了不毛之地，是现实版的人间地狱。**

这次灾难所释放的辐射剂量是第二次世界大战时在广岛爆炸的原子弹的 400 倍以上。

切尔诺贝利核电站所在的地区

伦琴，就是发现 X 射线的那位物理学家。1928 年，物理学界决定用他的名字作为放射性物质产生的照射量的一个单位，一般用来衡量 X 射线和 γ 射线的强度。

切尔诺贝利核事故二十周年后，4 号反应堆石棺外表面的照射度仍有 750 毫伦琴，远远高于 20 毫伦琴的安全值，仍然是重污染区域。

加固石棺的焊接工人工作两个小时就要轮换一次。隔离区内的平均照射度仍大于 100 毫伦琴。

隔离区以外是较重污染的撤离区，平均照射度在 60 毫伦琴左右，个别地方更是达到 150 ~ 200 毫伦琴。**即便是在外围的轻度污染的准撤离区，平均照射度也有 30 毫伦琴。**

2017 年 10 月，新的石棺套在了切尔诺贝利核电站 4 号机组上

蠹鱼字典

向切尔诺贝利的勇士致敬

清理核辐射，为什么不派机器人？

因为辐射太严重了，机器人干不了多久，还得人上！每个抢险的人要穿着重 20 多千克的防护服去铲除房顶上高辐射的瓦砾。那些参加抢救切尔诺贝利核事故的勇士，是真正挽救人类于危难之中的英雄。向他们致敬！

事故发生后，苏联动员整个国家来抢救。

第一步，由数百名飞行员驾驶直升机向出事的反应堆倾倒砂子，用硼酸对反应堆进行冷却，然后倒铅来中止连锁反应。结果是飞行员受到过多的放射剂量，几个月内陆续死亡。

当年用于清除瓦砾的机器人，至今仍带有高辐射，不允许靠近

蠹鱼字典

第二步，一个专家小组被派往反应堆底部去抽干水以避免第二次爆炸，专家们也因为辐射过量而死亡。

第三步，从全国各地组织了上千名的矿工，挖一个隧道通到反应器的底部，灌注一个混凝土地基，以保护半个欧洲的地下水。参加抢险任务的许多矿工的余生都被放射性疾病折磨。

第四步，建立一个混凝土棺材，以隔离损坏的反应堆。这次行动动用人数是最多的。一些人清洁核电站周围的土壤，一些人去建造石棺，还有一些人去清理铀棒，这些人被称为生化人，共有3500人之多，他们都面临生命危险。

四个步骤在半年内就完成了，灾难终于得到控制。

当年清理核辐射的勇士

切尔诺贝利核电站采用的是石墨沸水反应堆，反应堆设计中留下的缺陷一直是电站的安全隐患。因而事故发生后，这种类型的反应堆就逐渐退出了历史舞台。

虽然发生了切尔诺贝利核电站事故这样不幸的事件，但核能仍然具有不可代替的优势。

利用化石燃料发电，会向大气排放大量的污染物质，而核能发电可以避免大气污染问题。

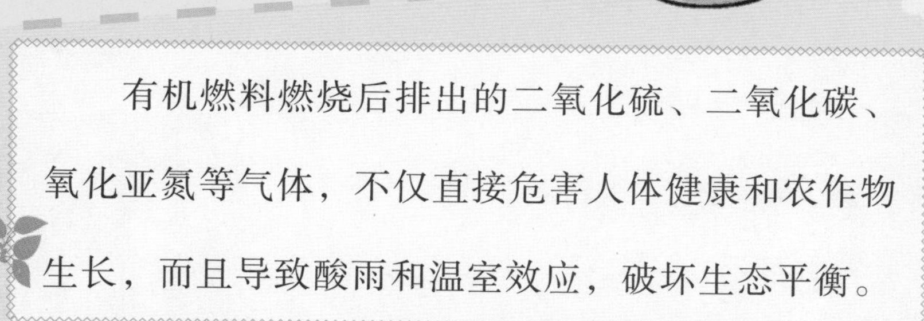

有机燃料燃烧后排出的二氧化硫、二氧化碳、氧化亚氮等气体，不仅直接危害人体健康和农作物生长，而且导致酸雨和温室效应，破坏生态平衡。

核能发电不会产生加重地球温室效应的二氧化碳，对环境没有影响。以法国为例，1980年至1986年间，法国核电占总发电量的比例由24%增加到70%，在此期间法国总发电量增加40%，而排放的含硫物质降低9%，尘埃减少36%。大气质量明显得到改善。

核能发电所使用的铀燃料，除了发电外，没有其他用途。

核燃料的能量密度比化石燃料（如煤、石油）高几百万倍，因此核电厂使用的燃料体积小，运输与储存都很方便。一座10000千瓦的核电厂一年只需要30吨铀燃料。

核能比太阳能、风能等其他新能源容易储存。核燃料的储存不需要太大地方，在核船舶或核潜艇中，通常两年才换料一次。相反，烧重油或烧煤时设备和燃料都需要庞大的储存区域。

蠹鱼字典

核　燃　料

核燃料被烧结成一个个圆柱状的二氧化铀陶瓷芯块，叠装在用锆合金做成的包壳管中，做成一根根细长的燃料棒，再把这些燃料棒按一定规则组装成一个个燃料组件，就可供核电站使用。燃料棒在反应堆中要耐腐蚀、耐辐照，还要承受高温、高压，对材料工艺的要求极高。我国已经能够自行生产。

核燃料组件

我国正在试验的高温气冷堆的核燃料，外形改为球状，包壳也由锆金属换成了石墨。小球的直径只有 6 厘米，每个小球里装着12000个二氧化铀颗粒，4个这样的小球能量相当于6吨煤，足够一个三口之家一个冬天取暖用了。

核燃料

机器人在加工核燃料

核能发电是要计算成本的，核能发电比火力发电经济。

电厂每度电的成本由建造折旧费、燃料费和运行费三部分组成。由于核电厂特别注重安全和质量，所以建造费高于火电厂，但燃料费比火电厂低得多。

由于燃料费所占比例较低，核能发电的成本不易受国际经济形势影响，因此发电成本与其他发电方法相比更为稳定。

凡事有利就有弊。核能有以上种种优点，也有不可忽视的缺点。这些缺点就像一双双手，拦住了核能前进的势头。

核能最大的问题是核反应过程中产生的放射性。核燃料以及燃烧后的核废料的放射性，一旦泄漏，就会给周边居民及环境带来致命的危害。

核能的发热效率很高，但是能被人类利用的部分较少，这就造成了资源浪费，带来了一定的热污染。

核能发电站投资大、风险高，一旦建立要消耗大量的人力、物力去维护。如果不能收回投资成本，浪费惊人。

切尔诺贝利核电站事故是设计不当留下的缺陷和管理不当造成的，而福岛核泄漏是天灾加上人祸造成的。**福岛核泄漏事故一样是7级核事故。**

福岛核电站是目前世界上最大的核电站，由福岛一站、福岛二站组成，共 10 台机组（一站 6 台，二站 4 台），均为沸水堆。在 2011 年的大事故发生前，这个核电站就发生过多起事故，但仍维持运行。

2011 年 3 月 11 日，日本受到历史上最严重的地震和海啸的冲击，福岛第一核电站在实现了自动停堆的状态下，丧失了应急堆芯冷却系统的功能。堆芯产生的余热排不出去，持续升温，造成燃料元件裸露和熔化。燃料元件的包壳和水蒸气反应生成氢气，导致氢气在厂房内聚集，发生氢爆，造成放射性物质泄漏，放射性粒子（如碘、铯和钚等）被释放到空气中。日本政府紧急下令方圆 20 千米范围内的所有人撤离，最终有 16.5 万人流离失所。

福岛核电站爆炸的反应堆

核反应堆的所有者东京电力公司采用海水冷却反应堆，结果造成三个反应堆发生氢气爆炸和第四个反应堆发生火灾。日本政府派出的自卫队成员害怕辐射，救援方法不当，三个反应堆的堆芯熔化，事情越来越糟糕。

在后续处理事故的过程中，日本政府没有像苏联政府那样竭尽全力，而是不断贻误时机。东京电力公司也曾因污水处理设施捉襟见肘而人为向大海排放低放射性污水。

经过检测，每升污染水的放射性铯的含量高达3700贝克勒尔（用于衡量放射性物质或放射源辐射强度的计量单位）。铯137会造成人体造血系统和神经系统损伤，而且铯137的半衰期大约是30年，也就是说放射性要30年才会减弱一半。

福岛第一核电站六个反应堆中的两个

黑袋子中装的是被核辐射污染的土壤，它们没有被运离禁区，只是堆放在空地上

从福岛流入海洋的放射性物质，随着海水的流动，向美国西海岸扩散。沿途的海洋生物将不可避免地受到污染。更糟糕的是，海水在太阳照射下蒸发，形成云后放射性物质会随着雨水进入土壤，地面的农作物、家畜等都将受到影响。

福岛核电站事故的危害是长期的，这再次为发展核电拉起警报。

能不能保证核电安全？很多人发出了质疑的声音。如果核电站会对生存环境造成巨大的破坏，那它发出再多的电也是没有价值的。

民众的忧虑影响着各国政府对核电的态度。福岛核电站事故后，瑞士宣布暂停对三个新反应堆的审批；德国暂时关闭了 1980 年以前投入运营的 7 座核电站，同时对所有核电站进行安全检查；意大利、英国政府也宣布缩减或推迟核电项目建设。

我国亟待发展核电这种清洁能源，那么这时候是该停下发展脚步，还是吸取各方面的经验，继续前行？

四 从“秦山”到“华龙一号”

超标了吗？
到这里还没有。

吃馒头噎着了，难道我们以后就不吃馒头了？我国对核电站的管理特别严格。

我国适合发展核能吗？要看我国能源的自然条件。

我国的能源情况，总结一下就是富煤、缺油、少气。由于石油和天然气缺乏，能源中以煤为主的状况将长期存在。但是，**以煤为主的能源消费模式给生存环境带来的影响非常大。**

城市被大气污染

为了节能减排，国内能源结构需要转型，高燃煤消耗企业将被加速关停或被高成本逼停，我国燃煤发电比例要降低至少 1/3，**那么这个缺口拿什么能源来填补？**

我国明确提出要推进水电开发，安全高效发展核电，大力发展风电，加快发展太阳能发电，积极发展地热能、生物质能和海洋能。

这些替代能源中，**核电清洁高效，将成为未来能源的重要支撑。**

一座发电功率为 1000 兆瓦的燃煤电厂，平均每年要向大气排放约 44000 吨硫氧化物、22000 吨氮氧化物，还有约 32000 吨烟尘，而核电厂基本没有这些污染物的排放，同时核电厂没有二氧化碳排放，不会造成酸雨和温室效应。

据中国电力企业联合会统计，2018 年我国核能发电量约 2944 亿千瓦时，占全国总发电量的 4.2%，相当于少消耗 0.9 亿吨标准煤，减少二氧化碳排放 2.8 亿吨。

从保护环境的角度来看，发展核电应成为战略选择。

核电建设还有拉动经济的作用。太平岭核电厂一期两台“华龙一号”核电机组工程总投资约 412 亿元人民币；漳州核电厂一期两台“华龙一号”核电机组工程总投资也超过了 400 亿元人民币。这样巨大的投资，为地方经济的发展提供了动力。

我国的核电事业不会因为核电站事故止步不前，而是会制定更加严格、规范的安全管理措施，提高核电装备产业的准入门槛，安全高效地利用核能，造福社会。

有专家指出，福岛核电站采用的是沸水堆技术，发生事故的主要原因是其二代核电应急系统中的泵需要电源驱动，但应急供电设施被海啸破坏，反应堆停堆后无法冷却散热，由此导致了一系列严重后果。

我国的核电站普遍采用的是压水堆，即使失去全部电源，也能通过自带的气动给水泵维持对堆芯的冷却，安全性能优于福岛核电站。

我国正在沿海建设的第三代 AP1000 核电技术，整个安全设备系统没有一台泵，无须依靠外在电源，利用高位水箱，靠温差、重力、气体膨胀推动流体流动，**安全系数很高。**

我国的三门核电站采用 AP1000 核电技术

福岛核电站核泄漏事故发生后，我国立即组织了针对全国核设施的全面安全检查，切实加强核设施运行的安全管理，全面审查在建核电站，严格审批新上核电项目，并抓紧编制核安全规划，调整完善核电发展中长期规划。核安全规划批准前，暂停审批核电项目包括开展前期工作的项目。

相比较而言，在我国建设核电站的门槛比世界平均水平高，核电站的选址也更加安全，所选地址远离火山、地震多发和高发区，避开了地质断裂带和人口稠密区。

就连核电站所在的地层也有要求，必须是完整的基岩，在抗震标准、防洪标准等方面都要做到“高一级”设防。

我国核电建设规划更加关注第四代核电技术的研发和应用。

与欧美国家相比，我国建设核电站起步比较晚，但我国对核能的开发利用并不晚。

我国从 1959 年开始研究核反应，准备制造原子弹，以此打破美苏两个超级大国的核垄断、核讹诈。

1964 年 10 月 16 日，我国第一颗原子弹爆炸成功。1966 年 12 月 28 日，小当量的氢弹原理试验成功；1967 年 6 月 17 日，我国成功地进行了百万吨级的氢弹空投试验。

我国第一颗原子弹

原子弹爆炸点

目睹氢弹爆炸现场

我国第一颗氢弹

我国坚持独立自主、自力更生的方针，在世界上以最快的速度完成了核武器两个发展阶段的任务，积累了原子能方面的大量经验和反应数据。

我国掌握了原子弹、氢弹技术后，又掌握了核潜艇技术。石墨水冷生产堆和潜艇压水动力堆技术为我国核电的发展奠定了基础。

我国第一艘核潜艇

20 世纪 80 年代初期，我国制定了发展核电的技术路线和技术政策，决定发展压水堆核电厂。采用“以我为主，中外合作”的方针，引进外国先进技术，逐步实现设计自主化和设备国产化。

一座1000兆瓦电力的核电厂，基本不释放有害气体和其他污染物，每年只产生约30吨乏燃料（在反应堆内烧过的核燃料，等待进一步处理）和800吨中低放射性废物。

我国的第一座核电站，是地处浙江省嘉兴市海盐县的秦山核电站。

秦山核电站采用了目前世界上技术成熟的压水堆，核岛内采用燃料包壳、压力壳和安全壳三道屏障，能承受极限事故引起的内压、高温和各种自然灾害。

秦山核电站在1985年开工，完全由我国的工程技术人员自主设计建造和运营管理。

一期工程包括建设一座30万千瓦的核反应堆，安装3台共30万千瓦的汽轮发电机组及建设配套厂房和输电设施。经过施工人员的紧张施工，核电站于1991年底并网发电，1994年4月投入商业运行。

秦山核电站的建成发电，结束了我国大陆无核电的历史，是我国核工业发展从军用转为民用的一个标志。我国也因此成为继美国、英国、法国、苏联、加拿大、瑞典之后，世界上第7个能够自行设计、建造核电站的国家。

秦山核能基地全景

秦山核电站使用的各类仪表和阀门，70% 由我国自行生产。核电站的关键燃料组件一共有 121 个，每个组件中铀 235 的浓度不同，也都是全部国产。

经过多年建设，秦山核电站已经成为我国最大的核电基地，现有的 9 台机组全部投产发电，总装机容量达到了 656.4 万千瓦，年发电量约 500 亿千瓦时。目前已累计的发电量相当于少消耗标准煤约 1.77 亿吨，减少排放二氧化碳约 5.45 亿吨，二氧化硫少排放约312.5万吨，氮氧化物减少了约105.09万吨。**秦山核电站生产的是不折不扣的清洁能源。**

秦山核电站的控制部门

在最令人担心的核电站安全方面，自从建站以来，秦山核电站的各个核电机组没有发生任何核安全事故。历年环境监测结果表明，秦山地区的环境辐射剂量一直没有超标，排放的放射性物质对周围公众造成的最大个人年有效剂量，仅占国家限值的0.2%。核电站俗称“三废”的废气、废液和固体废物的排放量，也都远远低于国家标准。**核电站运行以来，对周围环境产生的影响，可以说是微乎其微。**

2018年初，我国共有核电站11座，核电机组56台，其中38台正在运行，18台正在建设中。

这些核电站基本分布在经济发达的东部沿海地区，为当地经济的发展做出了重要贡献。

台山核电站是中法两国在能源领域的最大合作项目

深圳大亚湾核电站

俯视东北地区第一个核电站——辽宁红沿河核电站

在我国，核电站的发展很快，而且未来还将继续建设核电站，不断提高核电在国家能源供给中的比例。

由于起步较晚，我国核能具有后发优势，在堆型发展和严重事故反应、耐事故核燃料、核电人工智能等技术领域，从跟在先进国家后面学习，到水平渐渐和先进国家类似，甚至一些技术指标已经超过了国外先进国家。

“华龙一号”机组是由中广核和中核集团联合研发的第三代百万千瓦级核电技术，我国具有完整自主知识产权。“华龙一号”的安全指标和技术性能都达到了国际第三代核电技术的先进水平。“华龙一号”的安全设计理念是能动和非能动相结合！

在这个理念的指导下，设计者全面贯彻“纵深防御”的设计原则，在反应堆堆芯采用了177个燃料组件，设置了多重冗余的安全系统和双层安全壳，单堆布置。**设计者还准备了完善的严重事故预防和缓解措施，确保“华龙一号”的运行安全。**

2015年5月7日，全球首个“华龙一号”示范工程：福建省福清市中核集团“福清5号”核电机组开始穹顶吊装

2021年1月30日，福清核电5号机组投入商业运行，标志着我国在三代核电技术领域跻身世界前列

已经并网发电的福清核电2号机组

“华龙一号”示范机组防城港二期工程

中核集团使用“华龙一号”技术在巴基斯坦恰希玛建造百万千瓦级核电机组。英国的布拉德韦尔核电站B项目拟采用“华龙一号”技术。

防城港核电站三号机组模型

核电技术出口将成为我国的一张高科技名片。

我国不仅在第三代核电技术上有突飞猛进的发展，而且开始建造第四代核电技术商业化的示范项目——山东石岛湾核电站，即华能石岛湾高温气冷堆核电站，这将是全球首座球床模块式高温气冷堆示范项目。

第四代高温气冷堆的发电效率可达40%，一旦示范工程运营成功，复制、推广具有很好的商业化前景。

五　中国太阳

在太阳内部发生的
也是核反应，它就
没有那么多防护。
那你的意思
是——？

什么时候我们的头顶
能有个小太阳，就可
以随时随地给我们供
电，还是无线快充！

太阳能发光发热的原因是在其内部发生了核聚变反应。太阳能是最清洁的能源，如果能复制太阳的能量产生机制并将其微缩化，将改变我们整个人类的生活方式。

目前，我们的核电站采用的都是核裂变方式。

从长远看，核聚变才是获取无限能源的最好方式。现在，科学家设计的核裂变反应堆采用铀钚循环的技术路线，重点是发展快中子增殖堆（简称快堆）。

由于快堆能把铀238转变为可裂变材料钚239，能把天然铀的利用率提高三倍以上，这样全世界仅铀资源就可供人类使用数千年。

核聚变技术一旦成熟，我们就可以建立聚变反应堆核电站。到那时候，几千克核燃料就可以满足人类一年的能源需求。

能当作核燃料的元素在宇宙中存量丰富，比如氢的两个“小兄弟”氘和氚，它们在月球、地球的海洋中大量存在，这样我们就能从能源即将枯竭的噩梦中解脱。

以我国为例，每年仅发电就要烧 100 万吨煤，如果用核裂变代替煤，则需要 5 吨铀，但用核聚变一年只要 100 千克重水（氘和氧组成的化合物）。

在快堆研究上，我国已经进行了多年。**中国实验快堆是我国第一座快堆**，它的发热功率为 65 兆瓦，电功率为 20 兆瓦，2000 年 5 月开工建设。经过 11 年的努力，终于在 2011 年 7 月 21 日 10 点成功实现并网发电。

中国第一台快中子增殖反应堆，位于北京房山区

中国实验快堆是目前世界上为数不多的具备发电功能的实验快堆，它的技术方案和安全特性指标已经达到了第四代先进核能系统的要求。

我国在核聚变领域的发展处于世界领先地位。在中国科学院合肥物质科学研究院，科学家们正在利用全超导托卡马克核聚变实验装置（EAST）进行核聚变的研究。

核聚变要想为我们所用，就需要将能量释放过程变成一个稳定、持续并且可以控制的过程。EAST 正是起着这一转化作用，通过磁力线的作用，氢的同位素等离子体被约束在实验装置中运行，发生高密度的碰撞，也就是聚变反应。

托卡马克装置

中国 EAST

EAST 是一座巨大的环形装置，高 11 米，直径 8 米，重达 400 吨，是我国第四代核聚变实验装置，其科学目标是让海水中大量存在的氘和氚在高温条件下，像太阳一样发生核聚变，为人类提供源源不断的清洁能源，因此 EAST 被称为“人造太阳”。

在 EAST 内，氢原子不断融合成氦原子，其产生的热量和温度是太阳的数倍。这个反应由强大的磁力进行控制，如果能持续运行的话，每天都可以产生巨大的电能。

2017年7月，中国EAST稳定运行长达101.2秒，并保持 5×10^7 ℃的等离子体放电，成为世界首个可以稳定运行时长100秒以上的EAST。

维持核聚变反应非常困难，从20世纪50年代开始，苏联科学家就提出了磁约束的概念，EAST最早来自苏联的设计。

核聚变反应中的磁约束是可控的。操纵者可以随时关闭电力供应，完全安全，不会出现任何核危机。**目前核电站采取的核裂变反应会产生半衰期长达数千年的大量核废料，但是核聚变反应不会产生任何废物。**

除了技术上的难题以外，核聚变的另外一个问题是高昂的价格。每天仅启动一次反应装置的价格就要差不多10万元人民币，这还没算上数以百计的科学家的薪酬以及建造反应装置的费用。

20 世纪 90 年代初，我国用 400 万元人民币的生活物资，向苏联换来了当时价值 1800 万卢布的托卡马克装置，**欣喜若狂的科学家们在这个装置上做了大量试验。**

其他国家做到了放电几秒，而我们在这个装置上面做到了 1×10^7 ℃持续 60 秒放电。热核聚变会产生上亿摄氏度高温的等离子体，比太阳中心部位的温度还要高五六倍！它跟周边的材料是强相互作用的，需要控制得非常精确，时间上要精确到零点几毫秒以下。否则，只要有一丁点儿偏差，碰什么烧什么。

怎么才能实现"人造太阳"？科学家想了一个办法，就是把一团上亿摄氏度的等离子体火球，用磁场把它托到半空，悬浮起来，跟周边的任何容器材料不接触，这个时候就可以控制它，将它加热到超高温度，实现"人造太阳"的功能。

如果用常规铜线制作托卡马克装置中使用的线圈，会消耗大量的能量，而采用超导技术会降低能耗，相比较来说更容易得到聚变能量。**在托卡马克的基础上，中国科学院等离子体物理研究所的科研人员仅用 10 年时间，就自主设计和建造出世界上首个全超导托卡马克装置 EAST。**

“东方超环（EAST）”作为世界上第一个全超导非圆截面核聚变实验装置，集中了超高温、超低温、超大电流、超强磁场和超高真空等多项极限。

从设计到建设，整个项目的国产化比例达到90%，自主研发比例在70%以上，同时还取得了68项具有自主知识产权的技术和成果。**EAST主要用来探索实现聚变能源的工程、物理问题，为未来能源发展提供新思路。**

要让核聚变为人类所用，就意味着要把氘、氚等瞬间加热到1×10^{8} ℃，并至少持续1000秒，才能形成持续反应，这正是“东方超环”EAST的使命。上亿摄氏度的高温极限和−269 ℃的低温极限，每一个都是科研领域的高精尖难题，开拓创新就意味着挑战极限。

传导、对流和辐射造成能量损失，为了使辐射损失最小，就得全部使用真空。**研究团队用五层真空做成最大的“保温杯”，实现了1×10^{8} ℃和−269 ℃“冰火两重天”的完美结合。**

与全球规模最大的能源合作项目——国际热核聚变实验堆计划（ITER）相比，EAST 只有它的 1/4 大小。但麻雀虽小，五脏俱全，EAST 的成功经验已经支撑了 ITER 的建设。

比如：研制出可通过 90000 安电流的高温超导电流引线，使 ITER 制冷电耗每年减少 2/3 以上；证明 ITER 磁体电源设计方案存在的风险，并设计出新方案。目前，**中国已经成为 ITER 重要的合作方。**

ITER

ITER 的剖面图

在基础科研创新的同时，EAST 也带动着我国核聚变相关高科技加工业的发展。

加工的难度在于材料。要控制上亿摄氏度的等离子体，第一层屏蔽层质量就达 8000 吨。在中国科学院等离子体物理研究所超导导体生产大厅中，堆叠了两人多高的环形导体，这些导体每一根价值都在 3000 万元人民币以上。每根导管里都有极细的导线拧成的超导电缆。

这些超导线是EAST和ITER的“生命线”。

地球上再耐热的材料也会被核心区的聚变反应烧化，而要让反应产生的等离子体和装置内壁保持一定的距离，就离不开这些超导线。它们每秒可以通过6万安培的电流，形成一个强大的电磁笼，可将等离子体悬浮起来。在EAST建立之前，这项技术尚未诞生。

之前我国的超导线总共加起来只有26千克，而现在除了供给ITER每年所需的150吨以外，产量还绰绰有余。

让 5×10^7 ℃的等离子体持续运行101.2秒，这是目前EAST取得的成绩，也是当前国际核聚变反应最好的成绩。 EAST在不到一年半的时间，其综合参数提高了一倍，预测它将对ITER及下一代聚变装置做出更多贡献。

我国下一代核聚变装置——中国聚变工程实验堆（CFETR）已于2011年开始进行设计研究，这将是世界上第一座核聚变反应堆。

在过去的几年里，该项目集中了我国磁约束聚变研究的骨干力量，形成目标明确的国家队，**在吸收消化ITER和国际磁约束聚变堆设计和技术的基础上，大胆创新，完成的CFETR设计方案可与ITER衔接、补充。**

同时，该项目推动了广泛的国际合作。世界聚变研究发达国家美国、德国、法国、意大利等已经全面参与 CFETR 的设计；俄罗斯同行也表示未来会更加深入参与 CFETR 计划。

中国聚变工程实验堆（CFETR）建筑效果图

目前，CFETR 装置已经完成设计研究并开始了工程化设计，有望在未来几年启动。

一个电力为 100 千瓦的电站需要 50 万吨煤，而相同功率的核电站需要 30 吨核燃料。同样级别的热核聚变电站仅需要 100 千克重水和锂。

这个差距就是科学家们研究核聚变发电的动力。

为了获得更清洁、高效、安全的能源，为了更美好的未来，一直有人不懈奋斗，默默努力。

核能的深入研究和使用，还将深刻地改造我们的世界，希望你也能加入核能研究者或建设者的队伍，为那个即将来到的美好明天，贡献自己的一份力量！